BEI GRIN MACHT SICH IHR WISSEN BEZAHLT

AF151774

- Wir veröffentlichen Ihre Hausarbeit, Bachelor- und Masterarbeit

- Ihr eigenes eBook und Buch - weltweit in allen wichtigen Shops

- Verdienen Sie an jedem Verkauf

Jetzt bei www.GRIN.com hochladen und kostenlos publizieren

GRIN

Daniel Huber

Dyschromatopsie - Rot-Grün Sehschwäche im Alltag

GRIN Verlag

Bibliografische Information der Deutschen Nationalbibliothek:

Die Deutsche Bibliothek verzeichnet diese Publikation in der Deutschen National-
bibliografie; detaillierte bibliografische Daten sind im Internet über http://dnb.d-
nb.de/ abrufbar.

Impressum:

Copyright © 2011 GRIN Verlag GmbH
Druck und Bindung: Books on Demand GmbH, Norderstedt Germany
ISBN: 978-3-656-32250-4

Dieses Buch bei GRIN:

http://www.grin.com/de/e-book/205501/dyschromatopsie-rot-gruen-sehschwaeche-
im-alltag

GRIN - Your knowledge has value

Der GRIN Verlag publiziert seit 1998 wissenschaftliche Arbeiten von Studenten, Hochschullehrern und anderen Akademikern als eBook und gedrucktes Buch. Die Verlagswebsite www.grin.com ist die ideale Plattform zur Veröffentlichung von Hausarbeiten, Abschlussarbeiten, wissenschaftlichen Aufsätzen, Dissertationen und Fachbüchern.

Besuchen Sie uns im Internet:

http://www.grin.com/

http://www.facebook.com/grincom

http://www.twitter.com/grin_com

Facharbeit

Die Problematik der Rot-Grün-Sehschwäche in unserem Alltag

Biologie

Name: Daniel Huber

Klasse: 11

Betreuerin: Carola Klawitter

Datum: 10.01.2012

Inhaltsverzeichnis

1 Einleitung

„Ich sehe was, was du nicht siehst!"

Diesen Satz, hat jeder oft schon genug verwendet, wie bei dem Spiel: „Ich sehe was, was du nicht siehst!"

Doch was ist, wenn man einen Sehfehler besitzt und Farben nicht erkennen kann?

So müssen sich diese Menschen in unsere Gesellschaft einordnen und haben es dennoch schwer, klar zu kommen. Man selbst hat vielleicht keine Probleme, aber die Menschen, die mit einer Dyschromatopsie[1] leben müssen, können nur schwer die Farben rot und grün auseinander halten und erkennen deshalb nur ein schlichtes Grau.

Durch dieses Beispiel erkennt man, dass es nicht einfach für diese Menschen ist, in unserem Umfeld zu leben. So denke ich, sollte man diesen Menschen auch so eine Chance geben, um sich in unserer Gesellschaft einzugliedern. Was wäre, wenn man selbst an einer Dyschromatopsie leidet, dies kann man sich kaum vorstellen, aber es könnte einfach so passieren.

Für die meisten wäre dies ihr Untergang, aber trotzdem würde es welche geben, die nach einiger Zeit damit klar kommen würden.

So finde ich, sollte man dieses Thema besonders beleuchten, um so einen genaueren Einblick in die Welt der Rot – Grün Blinden werfen zu können.

Im Rahmen dieser Facharbeit werden sechs große Themenpunkte behandelt. Das Ziel dieser Arbeit ist es „Die Problematik der Rot - Grün Sehschwäche in unserem Alltag" zu analysieren und auszuwerten.

---

[1] Dyschromatopsie (Fachbegriff für Rot-Grün Sehschwäche)

Die inhaltliche Gestaltung besteht aus der Unterscheidung der Rot- und Grün-Sehschwäche und ihre Ursachen bei der Entstehung. Zudem wird ein Interview mit einer Person geführt, die an Dyschromatopsie leidet.

Die Arbeit wird aus verschiedenen Quellen bestehen. Der größte Teil der Quellen, stammt aus dem Internet, da man aus den Büchern nur Randinformationen sammeln konnte. Dies verschlechtert die Facharbeit auf keinem Fall, sondern rundet sie mit einem gewissen Schliff ab.

In diesem Sinne hoffe ich, dass die Facharbeit ihre Themenfrage genau und präzise beantwortet und alle gestellten Fragen sich von selbst lösen.

2 Was ist die Rot – Grün Sehschwäche?

Die Rot – Grün Sehschwäche ist eine Erbkrankheit.[2]

Menschen mit einer Rotgrünblindheit können Farben, wie rot und grün nicht genau voneinander unterscheiden.[3]

Etwa 8 % aller Männer besitzen eine Dyschromatopsie, aber nur 0,5 % aller Frauen besitzen ebenso diese Sehschwäche.[4]

Wie ist so etwas möglich, spielen die Geschlechtschromosomen eine Rolle dabei?[5]

Ja dies ist korrekt, denn wie jeder weiß, gibt es bei Frauen wie Männern, jeweils 21 Chromosomenpaare. Bei Männern bestehen diese Paare aus X- und Y-Chromosomen. Im Gegensatz zum Mann haben die Frauen nur X-Chromosomen. Durch Untersuchungen ergab sich, dass die Dyschromatopsie jeweils auf einem X- Chromosomen sitzt.[6]

„Ist das bei einem Mann der Fall, so wirkt kein Normalgen entgegen, denn das Y-Chromosom enthält fast keine Gene."[7] „Frauen hingegen mit einem Gen für

---

[2] Biologie heute 2G, S. 310
[3] Biologie heute 2G, S. 310
[4] Biologie heute S II, S. 218
[5] Biologie heute 2G, S. 310
[6] Biologie heute 2G, S. 310
[7] Biologie heute 2G, S. 310

Rotgrünblindheit (X-Chromosom) sind nicht rotgrünblind, denn das Gen für Farbtüchtigkeit auf dem zweiten X-Chromosom ist dominant."[8]

Deshalb können Frauen dieses Gen nur weitergeben, d. h. sie sind Überträgerinnen und können nur bei Reinerbigkeit rotgrünblind werden.[9]

Der Hintergrund dabei sind die Zapfen auf der Netzhaut des menschlichen Auges.[10]

„Sie sind für das Farbsehen und die Farbwahrnehmung zuständig."[11] Dabei gibt es drei unterschiedliche Zapfentypen für die Wellenlänge rot, grün und blau, wobei ich nur rot und grün behandeln werde.[12]

Man unterscheidet deshalb die angeborene Rot-Grün Sehschwäche in zwei verschiedene Formen.[13]

Daher einerseits in die Protanopie und anderseits in die Deuteranopie.[14]

3 Rotschwäche

Die Rotschwäche ist ein Teil der Dyschromatopsie und stoppt so, das korrekte Sehen eines Menschen.

Der Fachbegriff der Rotschwäche lautet Protanopie.[15]

Die Anzahl der Zapfen auf der Netzhaut des menschlichen Auges ist für die rote Farbwahrnehmung deutlich höher, als die Anzahl der Zapfen für die grüne Farbwahrnehmung.[16]

Das Schlusslicht bilden die Zapfen für die blaue Farbwahrnehmung, die nur etwa im Verhältnis zu den rot-grün Zapfen gleich 100/1 vorkommen.[17]

Die Blauempfindlichkeit kommt deshalb beim menschlichen Auge nur sehr selten vor.[18]

---

[8] Biologie heute 2G, S. 310
[9] Biologie heute 2G, S. 310
[10] Internet: Farbensehen und Farbblindheit
[11] Internet: Farbensehen und Farbblindheit
[12] Internet: Farbensehen und Farbblindheit
[13] Darstellung und Erklärung der verschiedenen Typen der Farbblindheit, S. 33
[14] Darstellung und Erklärung der verschiedenen Typen der Farbblindheit, S. 33
[15] http://de.wikipedia.org/wiki/Protanopie, 26.11.2011
[16] http://www.karrock.de/daf/2009/03/farbensehen-und-farbenblindheit, 25.11.2011
[17] http://www.karrock.de/daf/2009/03/farbensehen-und-farbenblindheit, 25.11.2011
[18] http://www.karrock.de/daf/2009/03/farbensehen-und-farbenblindheit, 25.11.2011

Menschen mit einer Protanopie haben daher nur zwei statt drei Zapfentypen.[19]
Betroffen sind daher nur 1% aller Männer und 0,02% der Frauen, was wirklich wenig ist.[20]

Betroffene mit einer Protanopie sehen ihre Umgebung in verschiedenen Entfernungen in unterschiedlichen Farben:

Im kurzwelligen Bereich sehen sie ihr Umfeld in einem satten Blaufarbton wie Farbgesunde.[21]

Im mittelwelligen Bereich hingegen nehmen sie ihr Umfeld in einem grauen Farbton war.[22]

Der langwellige Bereich wird dagegen doch ein einfaches sattes Gelb wahrgenommen.[23]

4 Grünschwäche

Die Grünschwäche ist genauso wie die Protanopie ein Teil der Dyschromatopsie und stoppt so, das korrekte Sehen des Menschen.

In der Fachsprache bezeichnet man die Grünschwäche auch als Deuteranopie.[24]

„Es handelt sich dabei um eine genetische bedingte Farbfehlsichtigkeit, bei der die Zapfen für das Wahrnehmen von Grün, dass Opsin[25] für Rot enthalten"

Menschen mit einer Grünschwäche haben daher nur zwei statt drei verschiedene Zapfentypen auf der Netzhaut ihres menschlichen Auges.[26]

Betroffen sind daher nur 1% aller Männer und 0,01%der Frauen, was noch geringer als die Protanopie ist.

Betroffene mit einer Deuteranopie sehen ihre Umgebung genauso wie Rotblinde, in verschiedenen Entfernungen in unterschiedlichen Farben.[27]

---

[19] http://de.wikipedia.org/wiki/Protanopie, 26.11.2011
[20] http://de.wikipedia.org/wiki/Protanopie, 26.11.2011
[21] http://de.wikipedia.org/wiki/Protanopie, 26.11.2011
[22] http://de.wikipedia.org/wiki/Protanopie, 26.11.2011
[23] http://de.wikipedia.org/wiki/Protanopie, 26.11.2011
[24] http://de.wikipedia.org/wiki/Deuteranopie, 26.11.2011
[25] Opsin (Proteinanteil eines Sehpigments, besteht aus Protein (Eiweiß) sowie aus Chromophor (Farbträger)
[26] http://de.wikipedia.org/wiki/Deuteranopie, 26.11.2011

Im kurzwelligen Bereich sehen sie ihr Umfeld in einem satten Blaufarbton wie Farbgesunde.

Im mittelwelligen Bereich hingegen nehmen sie ihr Umfeld in einem grauen Farbton war.

Der langwellige Bereich wird dagegen doch ein einfaches sattes Gelb wahrgenommen.

5 Ursachen

Durch Farbeindrücke können wir Gegenstände und Objekte wahrnehmen.
„Diese Farbeindrücke entstehen dadurch, dass Licht verschiedener Wellenlängen in unser Auge fällt."[28]
Um die Wellenlängen war nehmen zu können, muss ein Vergleich zwischen verschiedenen Lichtrezeptoren erfolgen.[29] Dies erfolgt beim Menschen in den drei Zapfentypen.[30]

Diese Zapfen befinden auf der Netzhaut des menschlichen Auges und sind für das Farbensehen und die Farbwahrnehmung zuständig.[31]
„Dabei gibt es drei unterschiedliche Zapfentypen für die Wellenlängen für rot, grün und blau."[32]
Die Anzahl der Zapfen für die rote Farbwahrnehmung ist deutlich höher als die Anzahl der Zapfen für die grüne Farbwahrnehmung.[33]
Die Kombination aus der Wahrnehmung der drei Farben (rot, grün und blau) kann zur Vermischung der Farben führen und verwirrt Betroffene im Alltag.

[27] http://de.wikipedia.org/wiki/Deuteranopie, 26.11.2011

[28] http://www.studentenlabor.de/ws04_05b/SinneSeminar/Sinnesphys/SEHEN31.htm, 07.12.2011

[29] http://www.studentenlabor.de/ws04_05b/SinneSeminar/Sinnesphys/SEHEN31.htm, 07.12.2011

[30] http://www.studentenlabor.de/ws04_05b/SinneSeminar/Sinnesphys/SEHEN31.htm, 07.12.2011

[31] http://www.karrock.de/daf/2009/03/farbensehen-und-farbenblindheit, 25.11.2011

[32] http://www.karrock.de/daf/2009/03/farbensehen-und-farbenblindheit, 25.11.2011

[33] http://www.karrock.de/daf/2009/03/farbensehen-und-farbenblindheit, 25.11.2011

Bei Menschen existiert jeweils ein Gen für das rotempfindliche Opsin und drei identische Gene für das grünempfindliche Opsin.[34] Alle dieser Gene liegen nahe beieinander auf dem X-Chromosom.[35]

„Durch Fehler beim Crossing-over[36] kommt es zur falschen Genkombination."[37]

Dies führt dazu, dass ein Gen für das Rot- oder Grünpigment beschädigt ist.[38]

„Diese genetisch bedingte Sehschwäche wird durch Veränderung der Aminosäuresequenz[39] in den Opsin der entsprechenden Zapfen der Netzhaut hervorgerufen."[40]
Daraus resultiert sich die Veränderung der Gensequenz des entsprechenden roten oder grünen Opsins.[41]

„Fehlt das Gen für eines dieser Opsine komplett, spricht man von einer Rot-Grünblindheit."[42]

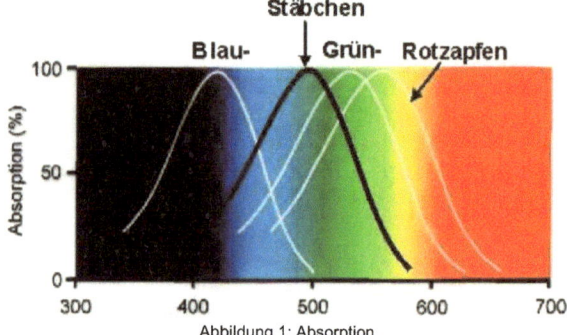

Abbildung 1: Absorption

[34] http://de.wikipedia.org/wiki/Rot-Grün-Sehschwäche, 25.11.2011

[35] http://de.wikipedia.org/wiki/Rot-Grün-Sehschwäche, 25.11.2011

[36] Crossing-over (in der Genetik der Stückaustausch zwischen väterlichen und mütterlichen Chromosomen während der Entwicklung der Keimzelle)

[37] http://de.wikipedia.org/wiki/Rot-Grün-Sehschwäche, 25.11.2011

[38] http://www.studentenlabor.de/ws04_05b/SinneSeminar/Sinnesphys/SEHEN31.htm, 07.12.2011

[39] Aminosäuresequenz (die Abfolge der Aminosäure in einem Peptid (Protein))

[40] http://de.wikipedia.org/wiki/Rot-Grün-Sehschwäche, 25.11.2011

[41] http://de.wikipedia.org/wiki/Rot-Grün-Sehschwäche, 25.11.2011

[42] http://de.wikipedia.org/wiki/Rot-Grün-Sehschwäche, 25.11.2011

Mit Hilfe von Ishihara-Farbtapfeln lässt sich solch eine Fehlsichtigkeit entdecken.

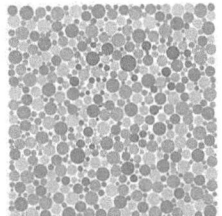

Abbildung 2: Ishihara Farbtapfel

6 Vererbung

Wie wir wissen wird die Sehschwäche genetisch weitergegeben.

Der Grund für die Fähigkeit zum Unterscheiden der Farben ist das 23.
Chromosom (X-Chromosom) das bei Männern gegenüber Frauen die
Dyschromatopsie zehnmal häufiger auftreten lässt.[43]

Bei der Weitergabe des Defekts handelt es sich um ein rezessives Merkmal[44].[45]

„Chromosomen liegen bei Menschen stets paarweise vor, und wenn ein Merkmal
auf beiden Chromosomen unterschiedlich ausgeprägt ist, so überdeckt das
dominante Merkmal[46] das rezessive."[47]

Das 23. Chromosom entscheidet zudem beim Menschen über das Geschlecht.[48]

„Eine „normale" Frau besitzt eigentlich immer zwei X-Chromosomen, der
„normale" Mann dagegen hat nur ein X-Chromosom und ein Y-Chromosom."[49]

Das 23. Chromosom wird beim Mann als Y-Chromosom bezeichnet.[50]

Bei einer Frau gibt es zwei X-Chromosomen. Das eine X-Chromosom besitzt die
Erbinformation, so kann sich auf dem anderen X-Chromosom der Defekt
befinden.[51]

---

[43] http://de.wikipedia.org/wiki/Rot-Grün-Sehschwäche, 25.11.2011
[44] rezessives Merkmal (zurücktretendes Merkmal der Erbinformation)
[45] http://de.wikipedia.org/wiki/Rot-Grün-Sehschwäche, 25.11.2011
[46] dominantes Merkmal (beherrschendes Merkmal der Erbinformation)
[47] http://de.wikipedia.org/wiki/Rot-Grün-Sehschwäche, 25.11.2011
[48] http://de.wikipedia.org/wiki/Rot-Grün-Sehschwäche, 25.11.2011
[49] http://de.wikipedia.org/wiki/Rot-Grün-Sehschwäche, 25.11.2011
[50] http://de.wikipedia.org/wiki/Rot-Grün-Sehschwäche, 25.11.2011
[51] http://de.wikipedia.org/wiki/Rot-Grün-Sehschwäche, 25.11.2011

Wenn dies bei einer Frau zutrifft, so kann sie mit dem „gesunden" X-Chromosom den Defekt überdecken und ist nur Trägerin der Farbschwäche.[52]

„Damit eine Frau unter der Rot-Grün Farbschwäche leidet, müssen beide X-Chromosomen den Defekt aufweisen."[53]

„Der Mann jedoch besitzt kein zweites X-Chromosom, so lässt sich der Defekt nicht kompensieren".[54]

Abbildung 3:Vererbung der Rot-Grün-Sehschwäche

7   Der Alltag

7.1   Alltagsleben eines Betroffenen

Im Rahmen meiner Facharbeit habe ich einen Kontakt mit einem Freund geknüpft. Ich hatte ihm über meine Arbeit erzählt und er meinte, er wüsste jemanden der mir helfen könnte!

So lernte ich seine Mitschülerin Manuela kennen.

Da die Entfernung zu groß war um sie besuchen, führte ich das Interview per Internet über das Sozialnetzwerk „Facebook" am 31. Januar 2012 durch.

Hallo Manu,

---

[52] http://de.wikipedia.org/wiki/Rot-Grün-Sehschwäche, 25.11.2011

[53] http://de.wikipedia.org/wiki/Rot-Grün-Sehschwäche, 25.11.2011

[54] http://de.wikipedia.org/wiki/Rot-Grün-Sehschwäche, 25.11.2011

vielen Dank noch einmal dafür, dass ich mit dir das Interview über deine Rot-Grün-Sehschwäche führen kann. So würde ich sagen es ist Zeit, um über die Dyschromatopsie noch mehr zu erfahren.

Seit wie viel Jahren besitzt du jetzt schon die Rot-Grün Sehschwäche?
Ich besitze sie schon von Geburt an, dass sind jetzt genau 20 Jahre.

Ist es für dich schwer im Alltag klar zu kommen? Wenn ja wie bewältigst du ihn?
Nein, es ist für mich nicht schwer, man selbst baut immer bestimmte Logiken auf um die eigenen Nachteile zu minimieren.

Wie kommst du im Internet klar? Kannst du im Text die Farben rot und grün gut unterscheiden?
Im Internet habe ich keine großen Probleme. Ich selbst ändere bei Internetseiten immer die Hintergrund- und Schriftfarbe, sodass ich noch nie Probleme mit Internetseiten hatte.

Gibt es irgendeine Sache die du machst, um deine Augen zu schulen?
Nein, tue ich nicht, da ich von keiner Methode weiß.

Wie würdest du deine momentane Lebenssituation mit dieser Sehschwäche bezeichnen?
Sie ist okay! Man selbst arrangiert sich.

Du bist ja weiblich und deshalb müssten aus deiner Familie, ebenso welche an dieser Sehschwäche leiden. Wie kommt ihr damit klar und von dem hast du sie geerbt?
Wir als Familie kommen damit klar und es macht uns keine Probleme. Aus persönlichen Gründen, weiß ich leider nicht von wem ich sie geerbt habe.

Was sind Vor- und Nachteile einer Rot-Grün-Sehschwäche?
Nachteile entstehen für mich, wenn die Farben rot, grün und blau sehr nahe beieinander stehen und dann lassen sie sich nur noch schwer voneinander

unterscheiden. Das Kartenspielen lässt sich als Beispiel gut verwenden, da sich beim schummrigen Licht die Farben rot, grün und blau nur schwer voneinander unterscheiden lassen.

Vorteile sind, dass man mit Argumenten kommen kann. So wird zum Beispiel bei Kartenspielen über Spielfehler leichter hinweg gesehen werden als bei anderen Spielern.

In welche Richtung tendiert die Sehschwäche mehr (rot oder grün)?
Laut der Aussage meines Arztes ist die Grünschwäche stärker verdrehten als die Rotschwäche.

Wie nimmst du die Farben rot und grün war?
Ich nehme die Farben rot und grün in einem grauen Ton war und habe trotzdem noch Probleme diese Farben genau voneinander zu unterscheiden.

Wie ist deine Aufnahmefähigkeit bei Kinofilmen?
Ich selbst habe keine Probleme beim schauen der Filme.

Wird in deinem Umfeld Rücksicht auf deine Sehschwäche genommen?
Es wird Rücksicht genommen, wie oben bereits erwähnt wird zum Beispiel beim Kartenspielen eine Auge zugedrückt. Ansonsten kann ich meine Freunde oder Leute aus dem Umfeld fragen und bitten mir zu helfen – derartige Hilfen wurden noch nie verweigert!

Vielen Dank für das Interview.

7.2 Der Alltag

„Die Sehschwäche wird von den Betroffenen im Allgemeinen als nicht besonders hinderlich angesehen."[55]
Betroffene wie z. B. Manuela Albert, können dies ebenso behaupten.
So dürfen sie nur einige Berufe ausführen, wie Lokomotivführer, Bus- und Taxifahrer, Pilot oder Polizist.[56] Die Betroffenen müssen sich daher einer

---

[55] http://de.wikipedia.org/wiki/Rot-Grün-Sehschwäche, 25.11.2011

besonderen umfangreichen augenärztlichen Untersuchung unterziehen, um ihren Beruf ausüben zu können. [57] Ähnliches gilt für manche Luft- oder Wasserarten, da sie die Farben rot und grün benötigen für die Unterscheidung von Backboard und Steuerboard.[58]

Auf gestalten Webseiten wird fast nie an Rot-Grün Blinde gedacht. Ein Text mit schwarzen Buchstaben und hervorgehobenen roten Wörtern wird von Betroffenen nicht als Hervorhebung erkannt.[59] „Eine Hervorhebung in blau dagegen ist meistens gut zu erkennen." [60]

„Bei thematischen Karten, die mit unterschiedlichen Farbnuancen arbeiten, sind für Menschen mit Rot-Grün-Sehschwäche oft nur schwer lesbar", dagegen nehmen sie unterschiedliche Schattierungen einer Farbe leichter war.[61]

„Es kann auch zu Problemen beim Autofahren in der Nacht kommen."[62] Personen mit einer starken Rotschwäche können farbige Ampeln in der Nacht nur auf kurze Distanzen erkennen.[63]
Personen dagegen mit einer starken Grünschwäche, können zum Teil weiter weg liegende Ampeln nur schlecht von Straßenlampen und -reklamen unterscheiden.[64]
Allerdings können auch Menschen ohne Farbschwäche Ampeln, die nicht mit LED-Licht arbeiten, schlecht erkennen wenn direktes Sonnenlicht hineinscheint. [65]
Nach einer Studie[66] können Farbfehlsichtige eine größere Anzahl von Khakitönen[67] unterscheiden als Normalsichtige.[68]

---

[56] http://de.wikipedia.org/wiki/Rot-Grün-Sehschwäche, 25.11.2011
[57] http://de.wikipedia.org/wiki/Rot-Grün-Sehschwäche, 25.11.2011
[58] http://de.wikipedia.org/wiki/Rot-Grün-Sehschwäche, 25.11.2011
[59] http://de.wikipedia.org/wiki/Rot-Grün-Sehschwäche, 25.11.2011
[60] http://de.wikipedia.org/wiki/Rot-Grün-Sehschwäche, 25.11.2011
[61] http://de.wikipedia.org/wiki/Rot-Grün-Sehschwäche, 25.11.2011
[62] http://de.wikipedia.org/wiki/Rot-Grün-Sehschwäche, 25.11.2011
[63] http://de.wikipedia.org/wiki/Rot-Grün-Sehschwäche, 25.11.2011
[64] http://de.wikipedia.org/wiki/Rot-Grün-Sehschwäche, 25.11.2011
[65] http://de.wikipedia.org/wiki/Rot-Grün-Sehschwäche, 25.11.2011
[66] Multidimensional scaling reveals a color dimension unique to 'color-deficient' observers.
   - Bosten, Robinson, Jordan & Mollen, 2005

[67] Khakitöne (Erd- /Staubfarben)
[68] http://de.wikipedia.org/wiki/Rot-Grün-Sehschwäche, 25.11.2011

Dieses Phänomen wird beim Militär verwendet, da Farbfehlsichtige sich nicht so leicht von Tarnfarben täuschen lassen und so einen getarnten Soldaten im Wald leichter erspähen als Normalsichtige.[69]

„Dies liegt zum einen daran dass Farbfehlsichtige im Laufe ihres Lebens gelernt haben sich stärker auf Formen und Konturen zu konzentrieren statt auf Farben wie Normalsichtige."[70]

8 Zusammenfassung

Dyschromatopsie ist eine Erbkrankheit, wo Betroffene die Farben rot und grün schlecht voneinander unterscheiden können.

Die Rot-Grün-Sehschwäche besteht aus der Rotschwäche (Protanopie) und der Grünschwäche (Deuteranopie).

Die Rot-Grün-Sehschwäche entsteht durch die Veränderung der Aminosäuresequenz in den Sehpigment-Proteinen (Opsin) der entsprechenden Zapfen der Netzhaut.

Jeder Mensch besitzt ein Gen für rotempfindliche Opsine und drei identische Gene für grünempfindliche Opsine.

Durch Fehler beim Crossing-over kommt es zu falschen Genkombinationen. Fehlt aber das Gen für eines dieser Opsine komplett, so hat man die Rot- oder Grünschwäche.

Die Sehschwäche ist immer angeboren und verstärkt oder vermindert sich nicht im Laufe der Zeit. Bei Männern tritt die Sehschwäche häufiger als bei Frauen auf.

Der Defekt der Rot-Grün-Sehschwäche findet sich immer auf dem X-Chromosom. Frauen haben zwei X-Chromosomen und mit ihrem zweiten X-Chromosom wird der Defekt überdeckt. Sie sind dadurch nur noch Trägerinnen des Defekts.

Männer hingegen haben ein X- und ein Y-Chromosomen. Da sich auf dem X-Chromosom der Defekt befindet, kann das Y-Chromosom es nicht kompensieren und Männer leiden an Dyschromatopsie.

Mit der Sehschwäche haben die Betroffenen oft größere Probleme im Alltag.

---

[69] http://de.wikipedia.org/wiki/Rot-Grün-Sehschwäche, 25.11.2011
[70] http://de.wikipedia.org/wiki/Rot-Grün-Sehschwäche, 25.11.2011

Berufe wie Lokomotivführer, Bus- und Taxifahrer oder Polizist lassen sich nur durch eine besondere augenärztliche Untersuchung ausführen.

Ebenso beim Autofahren in der Nacht. Rotblinde können farbige Ampeln in der Nacht nur auf kurze Distanzen erkennen und Grünblinde können weiter weg liegende Ampeln nur schlecht von Straßenlampen oder -reklame unterscheiden.

Dies zeigt das Menschen mit einer Dyschromatopsie es nicht leicht haben, aber trotzdem in ihrem Leben kämpfen und zu etwas werden was sich zeigen lässt.

9 Literaturverzeichnis

Hoff, Peter; Miriam, Wolfgang; Jaenicke, Dr. Joachim: Biologie heute 2_G. Ein Lehr- und Arbeitsbuch für das Gymnasium, Hannover: Schroedel Schulbuchverlag GmbH, 1985.

Miriam, Wolfgang; Scharf, Karl-Heinz: Biologie heute SII. Ein Lehr- und Arbeitsbuch, Hannover: Schroedel Verlag GmbH, 1997.

Müller, G. E.: Darstellung und Erklärung der verschiedenen Typen der Farbblindheit, Göttingen: Dandenhoed und Ruprecht, 1924

Author Archive for uk: Farbsehen und Farbblindheit, http://www.karrock.de/daf/2009/03/farbensehen-und-farbenblindheit, 25.11.2011.

Colibri Optic + Akustic: Farbenblindheit-Farbenfehlsichtigkeit, http://www.colibri-optic.de/optic03.html, 30.11.2011.

Müller, Monika: Sehfehler und optische Täuschungen, http://www.studentenlabor.de/ws04_05b/SinneSeminar/Sinnesphys/SEHEN31.htm , 07.12.2011.

Wikimedia Foundation Inc.: Deuteranopie, http://de.wikipedia.org/wiki/Deuteranopie, 26.11.2011.

Wikimedia Foundation Inc.: Protanopie, http://de.wikipedia.org/wiki/Protanopie, 26.11.2011

Wikimedia Foundation Inc.: Rot-Grün-Sehschwäche, http://de.wikipedia.org/wiki/Rot-Grün-Sehschwäche, 25.11.2011

Huber, Daniel: Interview mit Manuela Albert. Interview geführt am 31.01.2012

11 Abbildungsverzeichnis